MathStart®

洛克数学启蒙 ❸

MathStart·
洛克数学启蒙 ③

袋鼠专属任务

[美]斯图尔特·J.墨菲 文 　　 [美]凯文·奥马利 图 　　 易若是 译

海峡出版发行集团　福建少年儿童出版社
THE STRAITS PUBLISHING & DISTRIBUTING GROUP | FUJIAN CHILDREN'S PUBLISHING HOUSE

乘法算式

TOO MANY KANGAROO THINGS TO DO!

Text Copyright © 1996 by Stuart J. Murphy

Illustration Copyright © 1996 by Kevin O'Malley

Published by arrangement with HarperCollins Children's Books, a division of HarperCollins Publishers through Bardon-Chinese Media Agency

Simplified Chinese translation copyright © 2023 by Look Book (Beijing) Cultural Development Co., Ltd.

著作权合同登记号：图字 13–2023–038号

图书在版编目（CIP）数据

洛克数学启蒙.3.袋鼠专属任务 / (美) 斯图尔特·J.墨菲文；(美) 凯文·奥马利图；易若是译. -- 福州：福建少年儿童出版社，2023.9
ISBN 978-7-5395-8235-1

Ⅰ.①洛… Ⅱ.①斯… ②凯… ③易… Ⅲ.①数学 - 儿童读物 Ⅳ.①O1-49

中国国家版本馆CIP数据核字(2023)第074352号

LUOKE SHUXUE QIMENG 3 · DAISHU ZHUANSHU RENWU
洛克数学启蒙3·袋鼠专属任务

著   者：[美]斯图尔特·J.墨菲 文 [美]凯文·奥马利 图 易若是 译
出 版 人：陈远 出版发行：福建少年儿童出版社 http://www.fjcp.com e-mail:fcph@fjcp.com 社址：福州市东水路76号17层（邮编：350001）
选题策划：洛克博克 责任编辑：曾亚真 助理编辑：赵芷晴 特约编辑：刘丹亭 美术设计：翠翠 电话：010-53606116（发行部） 印刷：北京利丰雅高长城印刷有限公司
开   本：889 毫米 ×1092 毫米 1/16 印张：2.5 版次：2023 年 9 月第 1 版 印次：2023 年 9 月第 1 次印刷 ISBN 978-7-5395-8235-1 定价：24.80 元

"你好，鸸鹋（ér miáo）！今天是我的生日，你能跟我一起玩吗？"袋鼠问道。

"不好意思啊，袋鼠，我有太多的专属任务要完成。"

"我要烤 1 个蛋糕，撒上 2 种颜色的糖霜，
用 3 朵花来装饰，再插 4 支蜡烛。"

1 只鸸鹋

1 × 1个蛋糕　　= **1** 个蛋糕

1 × 2 种颜色的糖霜　= **2** 种颜色的糖霜

1 × 3 朵花　　= **3** 朵花

1 × 4 支蜡烛　　= **4** 支蜡烛

一共有 **10** 项鸸鹋的专属任务！

8

"我还是跳到河那边去吧，那 2 只鸭嘴兽也许会跟我一起玩。"

"你们好啊，鸭嘴兽！你们想跟我一起玩吗？今天是我的生日！"袋鼠说。

“不好意思啊，袋鼠，我们有太多的专属任务要完成。”鸭嘴兽们说。

"我们每人要切 1 颗猕猴桃，榨 2 个橙子，

开 3 罐姜汁汽水，还要挖 4 大勺冰激凌。"

2 只鸭嘴兽

2 × 1 个猕猴桃

= **2** 个猕猴桃

2 × 2 个橙子

= **4** 个橙子

2 × 3 罐姜汁汽水

= **6** 罐姜汁汽水

2 × 4 勺冰激凌

= **8** 勺冰激凌

一共有 **20** 项鸭嘴兽的专属任务！

"我还是跳到桉树那里去，那 3 只考拉也许会跟我一起玩。"

15

"你们好，考拉！今天是我的生日，你们能跟我一起玩吗？"袋鼠问道。

"对不起，袋鼠，我们有太多的专属任务要完成。"

"我们每人得找到 1 个盒子，拿 2 张包装纸包好，粘上 3 条胶带，再找 4 根丝带系成一个大蝴蝶结。"

3 只考拉

3 × 1 个盒子　　= 3 个盒子

3 × 2 张包装纸　= 6 张包装纸

3 × 3 条胶带　　= 9 条胶带

3 × 4 根丝带　　= 12 根丝带

一共有 30 项考拉的专属任务！

20

"我还是跳到山洞那边，4 只野狗住在那里。
也许他们会跟我一起玩。"

“嗨，野狗们！你们要跟我一起玩吗？今天是我的生日。”袋鼠说。

“不好意思啊，袋鼠，我们有太多的专属任务要完成。”

"我们每人得准备 1 种游戏，挂好 2 条彩带，制作 3 枚奖牌，还要吹 4 个大气球。"野狗们说。

25

4 只野狗

4 × 1 种游戏　　＝ 4 种游戏

4 × 2 条彩带　　＝ 8 条彩带

4 × 3 枚奖牌　　＝ 12 枚奖牌

4 × 4 个气球　　＝ 16 个气球

一共有 40 项野狗的专属任务！

"唉，大家都有太多事情要忙，谁也没时间跟我一起玩。"袋鼠感叹道。

“喂，袋鼠，快回来！我们为你准备了一个惊喜！”考拉说。

"生日快乐！"

10 项鸸鹋的专属任务 + 20 项鸭嘴兽的专属任务 + 30 项考拉的专属任务

"我们真的有太多的袋鼠专属任务要完成！"

项野狗的专属任务 = 100 项袋鼠的专属任务！

对于《袋鼠专属任务》中所呈现的数学概念，如果你们想从中获得更多乐趣，有以下几条建议：

1. 和孩子一起阅读这个故事，并让孩子用自己的语言来描述每幅画面中发生的事情。

2. 在阅读故事的过程中提问，例如："如果有1只鸸鹋，每只烤了1个蛋糕，那么一共烤了几个蛋糕？" "如果有2只鸭嘴兽，每只榨了2个橙子，那么一共榨了多少个橙子？"

3. 回看数学知识点总结页，鼓励孩子说一说每种动物有几项任务，算一算动物们要完成的任务总数。

4. 跟孩子一起画一些动物，比如1只熊、2只兔子、3只猫、4条狗，想象它们需要筹备一场生日聚会。让孩子给每种动物分配一些任务，如"兔子需要完成哪些任务" "小狗需要做些什么"等。

5. 收集一些积木、玩偶或者玩具车，把它们平均摆放在地板上，比如：把玩偶摆成5排，每排3个；把积木摆成4排，每排4块。算出一共有多少个。如果一共有12个玩具，你们能找出多少种平均排列的方式？

6. 在生活中找出一些成对或成套出现的物品，如鞋子、车轮、桌腿，帮助孩子按照2个、3个或4个一组的方式给它们分类，然后问孩子，"如果我们有3张桌子，那一共有多少条桌腿呢？"

如果你想将本书的数学概念扩展到孩子的日常生活中，可以参考以下这些游戏：

1. 烘焙：带孩子一起烤饼干。把每个烤盘上的面团以不同的方式进行排列，例如，有的是每排2个，有的是每排3个，有的是每排4个等等。把烤盘放进烤箱后，带孩子一起尝试做乘法运算，如："这个烤盘上一共有多少块饼干？""把3个烤盘上的饼干加起来，一共有多少块？"

2. 绘画：在纸上画一些节肢动物，如蜘蛛、蚂蚁、甲壳虫、蚊子、毛毛虫等，让孩子数一数每种动物各有几条腿，然后再来算一算，"2只蜘蛛有几条腿？3只蚂蚁呢？4条毛毛虫呢？"

3. 售卖游戏：布置一个零食摊位，售卖柠檬水、饼干、苹果等，给每种食物标上不同的价格。让孩子运用乘法和加法来计算每个顾客要为自己挑选的食物付多少钱。

洛克数学启蒙